CASQUETES POLARES EN RIESGO

EXPEDICIÓN A LA ANTÁRTIDA

John Nelson

Traducción al español:
José María Obregón

PowerKiDS
press.
New York

Published in 2009 by The Rosen Publishing Group, Inc.
29 East 21st Street, New York, NY 10010

First Edition

Editors: Joanne Randolph and Gheeta Sobha
Book Design: Greg Tucker
Illustrations: Dheeraj Verma/Edge Entertainment

Library of Congress Cataloging-in-Publication Data

Nelson, John, 1960-
  [Polar ice caps in danger. Spanish]
  Casquetes polares en riesgo : expedición a la antártida / John Nelson ; traducción al español, José María Obregón. – 1st ed.
      p. cm. – (Historietas juveniles : peligros del medio ambiente)
  Includes index.
  ISBN 978-1-4358-8474-8 (library binding) – ISBN 978-1-4358-8475-5 (pbk.) – ISBN 978-1-4358-8476-2 (6-pack)
  1. Ice caps–Antarctica–Juvenile literature. 2. Global warming–Juvenile literature.
  3. Sea level–Juvenile literature. I. Obregón, José María, 1963- II. Title.
  GB2597.N3818 2009
  363.738'74–dc22
                                              2009004729

Manufactured in the United States of America

CONTENIDO

INTRODUCCIÓN

Existen muchos centros de ciencia en la Antártida, el continente helado que rodea el Polo Sur. Al estudiar la Antártida, los científicos descubrieron que los **casquetes polares** se formaron hace 38 millones de años. Desafortunadamente, también descubrieron que estas capas de hielo que cubren el Polo Sur han comenzado a derretirse.

Los científicos están preocupados sobre los efectos del derretimiento de estas grandes masas de hielo, en el Polo Sur y el Polo Norte. ¿Qué pasaría si se derritieran las masas polares? Acompáñanos a esta expedición por la Antártida y encontrarás la respuesta.

CASQUETES POLARES EN RIESGO
EXPEDICIÓN A LA ANTÁRTIDA

LA ANTÁRTIDA ES EL CONTINENTE MÁS FRÍO DEL PLANETA. LAS **TEMPERATURAS** EN EL INVIERNO VAN DE LOS -121° F (-85° C) A -130° F (-90° C).

ÉSTA ES LA ESTACIÓN MCMURDO, EL MAYOR CENTRO CIENTÍFICO DE LA ANTÁRTIDA.

¡LA ESTACIÓN TIENE UN PUERTO, TRES PISTAS DE ATERRIZAJE, 100 EDIFICIOS, UN BOLICHE Y HASTA UN CAMPO DE GOLF DE NUEVE HOYOS!

ES EL CENTRO DE ACTIVIDADES DE LOS ESTADOS UNIDOS EN LA ANTÁRTIDA. CUALQUIERA QUE VIAJE AL POLO SUR, DEBE PASAR POR McMURDO.

LOS PROFESORES HARRIET ADAMS Y RALPH ATKINSON DEL CENTRO DE CIENCIA Y INGENIERÍA CRARY SE PREPARAN PARA UN VIAJE.

¿TODOS LISTOS? SALDREMOS TAN PRONTO COMO EL C-130 ESTÉ CARGADO.

DE AHÍ A LA ESTACIÓN AMUNDSEN-SCOTT EN EL POLO SUR, A TRES HORAS DE AQUÍ.

AJAY SINGH Y RAQUEL LIU SON DOS ESTUDIANTES UNIVERSITARIOS QUE TRABAJAN CON LOS PROFESORES.

¿ES AHÍ DONDE ESTUDIAREMOS **LOS CASQUETES POLARES?**

ASÍ ES, RAQUEL. Y LOS PELIGROS DEL CAMBIO CLIMÁTICO.

AL LLEGAR A AMUNDSEN-SCOTT LES HABLARÉ DE ALGUNOS DE MIS ESTUDIOS.

¡ESTAMOS LISTOS! ¡Y NO SE OLVIDEN DE ABRIGARSE MUY BIEN!

TRES HORAS Y 850 MILLAS (1,368 KM) MÁS TARDE, EL EQUIPO LLEGA A LA ESTACIÓN AMUNDSEN-SCOTT.

¡VAYA! ESTAMOS EN EL PUNTO MÁS AL SUR DEL PLANETA. ¡EL POLO SUR!

¡PREPÁRENSE PARA ATERRIZAR!

"AQUÍ VEMOS LA MANERA NATURAL EN LA QUE EL SOL SE REFLEJA, SIN PELIGRO, EN LA SUPERFICIE DE LA TIERRA".

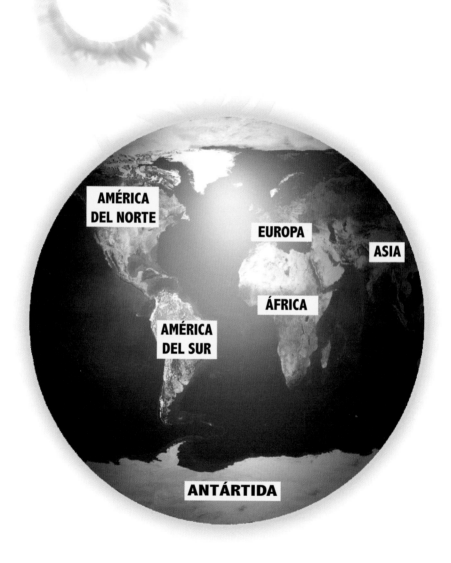

"EL AUMENTO DE ESTOS GASES CAUSA UN AUMENTO EN LAS TEMPERATURAS DE LA TIERRA".

"ESTO SUCEDE AL QUEMAR COMBUSTIBLES FÓSILES COMO EL CARBÓN Y EL PETRÓLEO QUE USAMOS EN NUESTROS AUTOS, PARA CALENTAR CASAS O PRODUCIR ELECTRICIDAD".

"LOS GLACIARES EN EL PARQUE NACIONAL DE MONTANA SE DERRITEN MÁS Y MÁS CADA AÑO."

"ALGUNOS PECES TIENEN PROBLEMAS PARA RESPIRAR POR LAS ALTAS TEMPERATURAS DEL AGUA".

"ALGUNOS ANIMALES ESTÁN TENIENDO MENOS CRÍAS PORQUE LOS CAMBIOS DE TEMPERATURA HAN **PERTURBADO** SU TEMPORADAS DE APAREAMIENTO".

"LA GENTE PODRÍA PERDER SUS HOGARES Y NO TENDRÍA A DÓNDE IR".

"EN ALGUNAS ZONAS, LOS OCÉANOS LLEVARÍAN AGUA SALADA A LAS TIERRAS DE CULTIVO, HACIENDO IMPOSIBLE SEMBRAR EN ELLAS".

"ALGUNOS **EXPERTOS** AFIRMAN QUE EN EL PEOR DE LOS CASOS, LOS NIVELES DEL OCÉANO SUBIRÍAN 30 PIES (9 M)".

"DE CONTINUAR CON ESTOS CAMBIOS EN LA TEMPERATURA, EN 1,000 AÑOS EL ESTADO DE FLORIDA ESTARÍA COMPLETAMENTE BAJO EL AGUA".

¿PROFESOR? ¿HAY ALGO QUE PODAMOS HACER PARA DETENER EL CAMBIO CLIMÁTICO?

HAY MUCHO POR HACER, Y TODOS PODEMOS HACER NUESTRA PARTE.

"PARA COMENZAR, PODEMOS PLANTAR UN ÁRBOL".

"LOS ÁRBOLES ABSORBEN EL DIÓXIDO DE CARBONO, QUE COLABORA CON EL CAMBIO CLIMÁTICO, Y LO CONVIERTEN EN OXÍGENO".

"ADEMÁS PODEMOS USAR NUEVAS FUENTES DE ENERGÍA, COMO LOS MOLINOS DE VIENTO, PARA NO USAR COMBUSTILES FÓSILES".

"LA ENERGÍA SOLAR ES OTRA ALTERNATIVA, AUNQUE SIGUE SIENDO UNA OPCIÓN MUY COSTOSA".

"UNA NUEVA FORMA DE ENERGÍA SON LAS CELDAS DE COMBUSTIBLE QUE FUNCIONAN AL COMBINAR OXÍGENO E **HIDRÓGENO**".

"LAS PRIMERAS PRUEBAS HAN SIDO MUY PROMETEDORAS".

DATOS SOBRE LA ANTÁRTIDA Y LOS CASQUETES POLARES

1. El animal más grande de la Antártida es un mosquito que solo mide ½ pulgada (1.3 cm) de largo.

2. La temperatura más baja de la Tierra, -128.6° F (-89.2° C), se registró en la estación Vostok, el 21 de Julio de 1983.

3. Los casquetes polares se encuentran tanto en el Polo Sur como en el Polo Norte.

4. Si el hielo que cubre la Antártida se derritiese, el nivel de los océanos aumentaría cerca de 200 pies (60 m).

5. Muchos científicos están preocupados por un agujero, causado por la contaminación, en la capa de ozono sobre la Antártida.

6. Para no contaminar la Antártida, los científicos envían la basura a sus países.

7. El tratado de la Antártida es un acuerdo internacional que designa a la Antártida como un lugar pacífico dedicado a la ciencia e investigación.

8. A pesar de tener la mayor cantidad de agua fresca, en forma de agua, la Antártida es el continente más seco.

9. Los casquetes polares han cubierto la Antártida por cerca de cinco millones de años.

GLOSARIO

CASQUETES POLARES (los) Grandes capas de hielo y nieve que cubren el Polo Norte y el Polo Sur.

ENFERMEDADES (las) Dolencias o males.

EXPERTOS, AS (los/las) Personas que saben mucho sobre un tema.

FILTRAR Hacer pasar un líquido por un objeto para quitar algunos de sus componentes.

HIDRÓGENO (el) Un gas incoloro que se quema fácilmente.

PERTUBAR Alterar o cambiar el orden de algo.

PREDICCIONES (las) Pronósticos basados en conocimiento.

TEMPERATURAS (las) Qué tanto frío o calor hace.

ÍNDICE

PÁGINAS EN INTERNET

Debido a los cambios en los enlaces de Internet, PowerKids Press mantiene una lista de sitios en la red relacionados con el tema de este libro. Esta lista se actualiza regularmente y puede ser consultada en el siguiente enlace:

www.powerkidslinks.com/ged/polar/